essentials

Guido Walz

Lineare Gleichungssysteme

Klartext für Nichtmathematiker

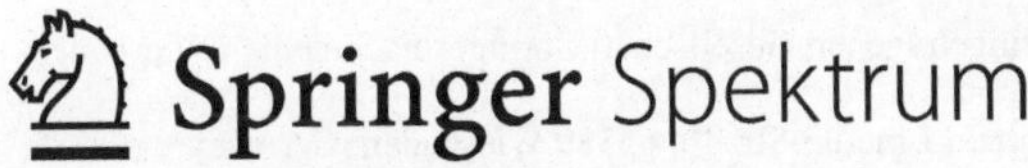

Guido Walz
Darmstadt, Deutschland

ISSN 2197-6708   ISSN 2197-6716   (electronic)
essentials
ISBN 978-3-658-23854-4   ISBN 978-3-658-23855-1   (eBook)
https://doi.org/10.1007/978-3-658-23855-1

Die Deutsche Nationalbibliothek verzeichnet diese Publikation in der Deutschen Nationalbibliografie; detaillierte bibliografische Daten sind im Internet über http://dnb.d-nb.de abrufbar.

Springer Spektrum

Springer Spektrum ist ein Imprint der eingetragenen Gesellschaft Springer Fachmedien Wiesbaden GmbH und ist ein Teil von Springer Nature
Die Anschrift der Gesellschaft ist: Abraham-Lincoln-Str. 46, 65189 Wiesbaden, Germany

Was Sie in diesem *essential* finden können

- Verfahren zur Lösung beliebiger linearer Gleichungssysteme, insbesondere das Gauß-Verfahren
- Methoden zur Behandlung linearer Gleichungssysteme mit unendlich vielen Lösungen
- Strategien zur Lösung von Textaufgaben

Inhaltsverzeichnis

1 Einleitung 1

2 Lineare Gleichungssysteme mit zwei Unbekannten 3
   2.1   Erste Beispiele 4
   2.2   Das Gauß-Verfahren 11

3 Lineare Gleichungssysteme mit drei Unbekannten 17

4 Lineare Gleichungssysteme mit beliebig vielen Unbekannten ... 25
   4.1   Das Gauß-Verfahren 26
   4.2   Systeme mit unendlich vielen Lösungen 32
   4.3   Nicht-quadratische Gleichungssysteme 35

5 Textaufgaben 41

Literatur 51

Einleitung 1

Das Lösen von linearen Gleichungssystemen ist in den Naturwissenschaften, der Technik oder auch den Wirtschaftswissenschaften eine allgegenwärtige Aufgabenstellung. Aber auch im täglichen Leben können (kleinere oder größere) Probleme auftreten, die man mithilfe linearer Gleichungssysteme in den Griff bekommen kann; auf den folgenden Seiten werden Sie zahlreiche Beispiele hierfür finden.

Es ist also höchst wahrscheinlich, dass auch Sie, liebe Leserin oder lieber Leser, früher oder später einmal lineare Gleichungssysteme lösen werden müssen, sei es im Beruf, in Studium oder Ausbildung, oder eben im täglichen Leben. Dieses Büchlein hilft Ihnen dann, indem es Verfahren zur Lösung linearer Gleichungssysteme ausführlich schildert und Gelegenheit bietet, diese anhand zahlreicher ausgewählter Beispiele einzuüben. Dabei liegt der Fokus auf dem Gauß-Verfahren (das auch unter Bezeichnungen wie „Eliminationsverfahren", „Additionsverfahren" oder „Gauß-Algorithmus" zu finden ist), denn dieses ist quasi die eierlegende Wollmilchsau der gesamten linearen Algebra; unter anderem ist es in der Lage, lineare Gleichungssysteme beliebiger Größe und Form vollständig zu lösen.

Die Darstellung auf den folgenden Seiten konzentriert sich zunächst auf kleine Systeme, also solche mit zwei oder drei Unbekannten, um Sie mit dem Verfahren vertraut zu machen. Darauf aufbauend ist dann das Verständnis des Verfahrens für beliebig große Systeme – quadratische wie auch nicht-quadratische – nicht schwierig.

Da sich der Text laut Untertitel ausdrücklich (auch) an Nichtmathematiker (und ebenso natürlich Nichtmathematikerinnen) wendet, ist er bewusst in allgemein verständlicher Sprache gehalten, um die Leser nicht durch übertriebene Fachsprache

© Springer Fachmedien Wiesbaden GmbH, ein Teil von Springer Nature 2018
G. Walz, *Lineare Gleichungssysteme*, essentials,
https://doi.org/10.1007/978-3-658-23855-1_1

abzuschrecken; schließlich soll es sich ebenfalls laut Untertitel um „Klartext" handeln. Beispielsweise werden wir von „Verfahren" sprechen statt von „Algorithmen", und ebenso von „Unbekannten" anstelle von „Variablen".

Und nun wünsche ich Ihnen viel Spaß (das meine ich ernst!) beim Lesen der folgenden Seiten.

Lineare Gleichungssysteme mit zwei Unbekannten

Um Sie nicht gleich am Anfang dieses Büchleins mit einer formalen Definition zu überfallen, will ich zunächst die drei Wortbestandteile des Begriffs „lineares Gleichungssystem" analysieren:

Linear bedeutet hier wie in der gesamten Mathematik, dass die Unbekannten „einfach so" dastehen, also ohne irgendwelche Hochzahlen oder unschönes Beiwerk wie Sinus oder Logarithmus, oder gar als Hochzahl eines Ausdrucks auftreten.

Eine **Gleichung** besteht aus zwei Ausdrücken, die durch ein Gleichheitszeichen verbunden sind, hat also die Form

$$\text{Ausdruck}_1 = \text{Ausdruck}_2.$$

Schließlich deutet der Wortbestandteil **System** darauf hin, dass es sich nicht nur um eine einzelne Gleichung handelt, sondern um mehrere, die gleichzeitig gelöst werden müssen; keine Sorge, dass ist nicht so schwierig, wie es vielleicht gerade klingt.

Ich taste mich gemeinsam mit Ihnen ganz langsam heran und behandle in diesem ersten Kapitel die kleinsten echten linearen Gleichungssysteme, die man sich vorstellen kann, nämlich solche mit nur zwei Gleichungen und ebenso vielen Unbekannten. Formal sieht das so aus:

Definition 2.1
Ein **lineares Gleichungssystem mit zwei Unbekannten** ist ein Schema der Form

© Springer Fachmedien Wiesbaden GmbH, ein Teil von Springer Nature 2018
G. Walz, *Lineare Gleichungssysteme*, essentials,
https://doi.org/10.1007/978-3-658-23855-1_2

$$a_1 x + a_2 y = d_1$$
$$b_1 x + b_2 y = d_2$$

Hierbei sind a_1, a_2, b_1, b_2, d_1 und d_2 vorgegebene reelle Zahlen, die sogenannten **Koeffizienten** oder **Beizahlen** des Systems, und x und y sind die **Unbekannten** oder auch **Variablen,** die es zu bestimmen gilt. Die Bestimmung dieser Unbekannten nennt man das **Lösen** des linearen Gleichungssystems.

Ist $d_1 = d_2 = 0$, stehen also auf der rechten Seite des Systems nur Nullen, so nennt man es ein **homogenes,** ansonsten ein **inhomogenes** System.

Streng genommen handelt es sich hier bereits um einen Spezialfall eines linearen Gleichungssystems, da hier die Anzahl der Unbekannten, also zwei, mit der Anzahl der Gleichungen übereinstimmt. Das muss nicht unbedingt so sein, ebenso könnte man ein System mit zwei Unbekannten, aber nur einer Gleichung, oder auch eines mit drei, vier, fünf ... Gleichungen betrachten. In diesem Kapitel beschränken wir uns aber auf den oben definierten Fall, der am weitaus häufigsten auftritt.

Besserwisserinfo
Lineare Gleichungssysteme, bei denen die Anzahl der Unbekannten mit derjenigen der Gleichungen übereinstimmt, nennt man **quadratisch;** wobei streng genommen nur die linke Seite quadratisch ist, aber es hat sich halt so eingebürgert.

2.1   Erste Beispiele

Und damit sie nicht glauben, lineare Gleichungssysteme kämen im richtigen Leben gar nicht vor, hier gleich mal ein etwas ausführlicher geschildertes Beispiel:

Beispiel 2.1

Ein Schüler hat den ganzen Nachmittag lang Mathematik gelernt und will sich nun etwas Gutes tun. Daher kauft er sich am Kiosk einen Schokoriegel sowie eine Tüte Kartoffelchips und zahlt dafür 4 EUR.

Am nächsten Tag ist er dermaßen gefrustet von der Mathematik (kaum vorstellbar, aber so etwas soll es geben), dass er gleich drei Schokoriegel und zwei Tüten Chips kauft; hierfür muss er 9 EUR bezahlen.

Zu Hause angekommen wüsste er gerne die Einzelpreise der beiden Artikel. Natürlich könnte er zurücklaufen und den Kioskbesitzer fragen, aber da er ja fleißig Mathematik gelernt hat ist das gar nicht nötig, denn er kann die Preise berechnen: bezeichnet man den (bisher noch unbekannten) Preis für einen Schokoriegel mit x, den für eine Tüte Chips mit y, so ergibt der Einkaufspreis des ersten Tages die Gleichung

$$x + y = 4, \tag{2.1}$$

denn für jeweils einen Artikel hat er insgesamt 4 EUR bezahlt; wobei ich in bester Mathematikertradition die Einheiten – hier also Euro – gleich mal weggelassen habe.

Dieselbe Überlegung für den Einkauf des zweiten Tages liefert

$$3x + 2y = 9 \tag{2.2}$$

Die Gl. (2.1) und (2.2) bilden nun zusammen ein System von zwei linearen Gleichungen, das ich der Übersichtlichkeit halber auch mal als solches hinschreiben will; es lautet

$$\begin{aligned} x + y &= 4 \\ 3x + 2y &= 9 \end{aligned}$$

Das ist also das erste lineare Gleichungssystem, das Sie in diesem Büchlein sehen; und glauben Sie mir, es wird nicht das letzte sein. Ob Sie das als Motivation oder doch eher als Drohung auffassen bleibt Ihnen überlassen.

Wie kann man nun aber dieses System lösen, also die Werte von x und y ermitteln? Nun, beispielsweise kann man die erste Gleichung, also (2.1), nach y auflösen, indem man auf beiden Seiten x abzieht; das ergibt

$$y = 4 - x. \tag{2.3}$$

y und $4 - x$ sind also das Gleiche, und wenn zwei Dinge gleich sind, darf man sie auch in einer Gleichung gegeneinander austauschen. Daher ersetze ich in der zweiten Gleichung y durch $4 - x$ und erhalte

$$3x + 2 \cdot (4 - x) = 9.$$

Nun muss man ein wenig ~~elementare Algebra anwenden~~ mit den Grundrechenarten herumwirbeln: Zunächst multipliziert man die Klammer auf der linken Seite aus und erhält so

$$3x + 8 - 2x = 9.$$

Zusammenfassen der mit x behafteten Ausdrücke auf der linken Seite macht hieraus

$$x + 8 = 9,$$

und anschließendes Abziehen von 8 auf beiden Seiten ergibt schließlich

$$x = 1.$$

(Wenn Ihnen die einzelnen Schritte zur Umformung einer linearen Gleichung nicht mehr ganz präsent sind, können Sie diese bspw. in Walz (2018) noch mal nachlesen.)

Den Wert von y erhält man nun einfach, indem man das gerade berechnete x in eine der beiden Gleichungen einsetzt und ggf. nach y auflöst. Welche der beiden Gleichungen Sie hierfür nehmen wollen ist vollkommen egal. Wenn Sie es ~~kompliziert~~ anspruchsvoll mögen, können Sie gerne die zweite Gleichung benutzen. Ich dagegen entscheide mich spontan für die erste. Das Auflösen nach y haben wir nämlich bereits in (2.3) erledigt, und wenn man hier $x = 1$ einsetzt ergibt sich sofort

$$y = 4 - 1 = 3.$$

Ein Schokoriegel kostet also einen Euro, eine Tüte Chips 3 EUR.   ■

Von meinen Kindern habe ich zu deren Schulzeit gelernt, dass man diese Vorgehensweise das **Einsetzungsverfahren** nennt, weil man eben die eine Gleichung, aufgelöst nach einer der Unbekannten, in die andere einsetzt. Für Systeme mit zwei Gleichungen und ebenso vielen Unbekannten ist es durchaus gut verwendbar, wenn die Systeme größer werden – und in diesem Sinne sind beispielsweise vier Gleichungen mit vier Unbekannten schon *ziemlich* groß, wird es schnell unpraktikabel. Man braucht dann eine systematischere Vorgehensweise, das sogenannte **Gauß-Verfahren;** aber mit dem schlagen wir uns erst weiter unten herum.

Bevor ich die Regel für das Einsetzungsverfahren aufschreibe möchte ich Ihnen noch anhand zweier Beispiele – genauer gesagt Modifikationen von Beispiel 2.1 – zeigen, dass ein lineares Gleichungssystem nicht immer so schön eindeutig lösbar ist, wie das dort der Fall war.

Beispiel 2.2

Ich ändere das lineare Gleichungssystem aus Beispiel 2.1 in der zweiten Zeile ab zu folgendem:

$$x + y = 4 \tag{2.4}$$
$$2x + 2y = 9 \tag{2.5}$$

Auch hier wieder löse ich die erste Zeile nach y auf, erhalte also wieder $y = 4-x$, und setze diesen Ausdruck in die zweite Zeile ein. Das ergibt diesmal

$$2x + 2 \cdot (4 - x) = 9.$$

Ebenso wie oben multipliziere ich nun aus und fasse die mit x behafteten Ausdrücke auf der linken Seite zusammen; das Ergebnis ist

$$2x + 8 - 2x = 9,$$

also

$$8 = 9.$$

Unschöne Sache, denn auch bei großzügigster Auslegung der Algebra ist diese Gleichung sicher nicht richtig.

Und was bedeutet das jetzt? Nun, nichts anderes, als dass bereits das Ausgangssystem in sich widersprüchlich gewesen sein muss und somit *nicht lösbar* ist. ∎

Besserwisserinfo
Wenn Sie noch einmal mit geschärftem Auge auf das Gleichungssystem (2.4), (2.5) schauen, ahnen Sie auch, warum das so ist: Auf der linken Seite von (2.5) steht nämlich genau das Doppelte der linken Seite von (2.4), während das auf der rechten Seite nicht der Fall ist. Das kann nicht gut gehen, denn das würde ja bedeuten, dass man für die doppelte Menge nicht den doppelten Preis bezahlt hat, und da es bei diesen Stückzahlen sicherlich keinen Rabatt gibt, stimmt irgendetwas nicht.

Kann es noch schlimmer kommen? Na ja, auf jedem Fall kann es auf andere Art und Weise unschön werden; es gibt nämlich lineare Gleichungssysteme, die zwar lösbar sind, aber nicht eindeutig, sondern gleich unendlich viele Lösungen haben. Auch hierzu natürlich ein Beispiel.

Beispiel 2.3

Ich ändere das lineare Gleichungssystem nochmals minimal ab zu

$$x + y = 4 \tag{2.6}$$
$$2x + 2y = 8 \tag{2.7}$$

In der zweiten Zeile steht jetzt also rechts eine 8, mehr hat sich nicht geändert. Dieselbe Vorgehensweise wie gerade eben führt jetzt auf

$$2x + 8 - 2x = 8,$$

also $8 = 8$ oder

$$0 = 0.$$

Diese Gleichung hat zwar den Charme, dass sie richtig ist, aber den Nachteil, dass sie zur Lösung des Gleichungssystems nichts beiträgt. Jedes Paar (x, y), das die erste Gl. (2.6) erfüllt, erfüllt automatisch auch die zweite, und da es unendlich viele solcher Paare gibt, gibt es auch unendlich viele Lösungen des Gleichungssystems (2.6), (2.7). Beispielsweise wäre wieder $x = 1$, $y = 3$ eine Lösung, aber auch $x = y = 2$ oder $x = 1{,}5$, $y = 2{,}5$. ∎

Besserwisserinfo
Wenn Sie bitte noch einmal das geschärfte Auge herausholen und jetzt das Gleichungssystem (2.6), (2.7) betrachten, sehen Sie, dass die Zeile (2.7) nun auf beiden Seiten das Doppelte von (2.6) darstellt. Das bedeutet, dass wir diesmal keinen Widerspruch erhalten, allerdings liefert die zweite Zeile gegenüber der ersten auch keine neue Information, weswegen insgesamt zu wenig Informationen vorliegen und deshalb keine eindeutige Lösung ermittelbar ist.

Plauderei

Das Ergebnis von Beispiel 2.3 war, dass jedes Paar (x, y) mit der Eigenschaft $x + y = 4$ das komplette Gleichungssystem (2.6), (2.7) löst.

Das gilt beispielsweise auch für das Paar $x = 5$, $y = -1$. Repräsentiert dieses Gleichungssystem also wie im ersten Beispiel die Kioskpreise von Schokoriegeln und Chips, so kostet zwar ein Schokoriegel 5 EUR, aber für eine Tüte Chips bekommt man zusätzlich einen Euro ausbezahlt.

Wenn Sie diesen Kiosk gefunden haben, geben Sie mit bitte Bescheid; bei meinem Chipskonsum werde ich damit reich.

Um die genaue Formulierung des Einsetzungsverfahrens habe ich mich bisher erfolgreich gedrückt; die will ich jetzt endlich nachholen:

Das Einsetzungsverfahren

Gegeben sei ein lineares Gleichungssystem wie in Definition 2.1 beschrieben. Man löst eine der beiden Gleichungen nach einer der beiden Unbekannten auf und setzt das Ergebnis in die andere Gleichung ein. Diese enthält dann nur noch eine Unbekannte, nach der man auflösen kann.

- Fällt diese Unbekannte beim Zusammenfassen vollständig heraus und verbleibt eine unwahre Gleichung wie in Beispiel 2.2, so ist das System unlösbar.
- Fällt diese Unbekannte beim Zusammenfassen vollständig heraus und verbleibt eine wahre Gleichung wie in Beispiel 2.3, so hat das System unendlich viele Lösungen.
- Fällt diese Unbekannte nicht heraus, so kann man sie eindeutig berechnen. Zur Ermittlung der verbliebenen Unbekannten setzt man dann den ermittelten Wert in eine der Ausgangsgleichungen ein.

Alles klar? Nun, vermutlich noch nicht ganz. Ich zeige Ihnen am besten noch ein Beispiel:

Beispiel 2.4

Zu lösen ist das lineare Gleichungssystem

$$x - 3y = 2 \qquad (2.8)$$
$$-2x + 6y = 3$$

Ich löse die erste Zeile nach x auf, das ergibt

$$x = 2 + 3y,$$

und setze den so erhaltenen Ausdruck anstelle von x in die zweite Gleichung ein; dadurch erhalte ich

$$-2 \cdot (2 + 3y) + 6y = 3.$$

Multipliziert man nun auf der linken Seite aus und fasst zusammen, sieht man, dass die y-Terme wegfallen, und es verbleibt

$$-4 = 3.$$

Das ist nun sicherlich nicht wahr, also ist das System (2.8) unlösbar. ∎

Vor langer Zeit hat mir einmal ein erfahrener Didaktiker erklärt, dass man ein Thema nicht mit einem unlösbaren Beispiel beenden sollte, denn das ~~demotiviert~~ zieht die Leser so herunter; daher hier noch ein Beispiel, das ein gutes Ende nehmen wird:

Beispiel 2.5

Hier geht es um das lineare Gleichungssystem

$$5x - 2y = 1$$
$$2x + 3y = 8$$

Man kann beispielsweise die zweite Gleichung nach x auflösen und erhält als Zwischenresultat $2x = 8 - 3y$, also

$$x = 4 - \frac{3}{2}y. \qquad (2.9)$$

Setzt man dies in die erste Gleichung ein, ergibt sich

$$20 - \frac{15}{2}y - 2y = 1.$$

Hier multipliziert man am besten mit 2 durch und fasst zusammen; das ergibt

$$40 - 15y - 4y = 2,$$

also

$$-19y = -38.$$

y fällt also nicht heraus und lässt sich eindeutig berechnen zu $y = 2$, indem man beide Seiten durch -19 teilt.

Nun darf ich mich aber noch nicht zufrieden zurücklehnen, sondern muss noch die verbliebene Unbekannte x berechnen. Hierzu setze ich den gerade ermittelten y-Wert in die bereits aufgelöste Gl. (2.9) ein und erhalte

$$x = 4 - \frac{3}{2} \cdot 2 = 1.$$

Die vollständige Lösung des Systems lautet also $x = 1$, $y = 2$. ∎

Mehr Beispiele will ich hier nicht geben, denn wir kommen jetzt (jedenfalls ich, und ich hoffe, Sie kommen mit) zum zentralen Thema der ganzen Lösen-von-linearen-Gleichungssystemen-Kiste, dem Gauß-Verfahren, zu dem ich dann wiederum eine ganze Reihe von Beispielen angeben werde.

2.2   Das Gauß-Verfahren

Das Gauß-Verfahren für zwei Unbekannte lässt sich recht kompakt darstellen, wie Sie gleich sehen werden. Es hat gegenüber dem Einsetzungsverfahren den Vorteil, dass man es leicht auf größere Systeme übertragen kann. Aber nichts überstürzen, erst mal die Formulierung.

Das Gauß-Verfahren für zwei Unbekannte

Zur Lösung eines linearen Gleichungssystems der Form

$$a_1 x + a_2 y = d_1$$
$$b_1 x + b_2 y = d_2$$

multipliziert man die erste Zeile mit $\frac{b_1}{a_1}$ und zieht sie anschließend von der zweiten ab. Dadurch verschwindet der x-Anteil in der zweiten Zeile, und es entsteht ein System der folgenden Form, die man auch **Dreiecksform** nennt:

$$a_1 x + a_2 y = d_1$$
$$\tilde{b}_2 y = \tilde{d}_2$$

(Die Schlange über den Koeffizienten in der zweiten Zeile soll nur andeuten, dass sich diese gegenüber dem Ausgangssystem geändert haben; wenn man viel Lust hat, kann man auch genau angeben, wie, aber die habe ich gerade nicht. Es kommt auch nur auf die Struktur des Systems an.)
Nun kann man drei Fälle unterscheiden:

- Ist $\tilde{b}_2 = 0$ und ebenso $\tilde{d}_2 = 0$, lautet die zweite Zeile also einfach $0 = 0$, so hat das System unendlich viele Lösungen; jedes Paar (x, y), das die erste Gleichung erfüllt, ist eine solche Lösung.
- Ist $\tilde{b}_2 = 0$, aber $\tilde{d}_2 \neq 0$, stellt die zweite Zeile also eine unwahre Gleichung dar, so ist das System unlösbar.
- Ist $\tilde{b}_2 \neq 0$, besitzt das System eine eindeutige Lösung. Man bestimmt diese, indem man zunächst $y = \frac{\tilde{d}_2}{\tilde{b}_2}$ berechnet und anschließend dieses y in die erste Zeile einsetzt und nach x auflöst.

Na ja, soviel zum Thema „kompakte Darstellung"; aber immerhin hoffe ich, dass die Darstellung wenigstens verständlich war. Ich gebe gleich Beispiele.

Besserwisserinfo

Sie müssen bei allem, was Sie in der Mathematik tun, stets höllisch aufpassen, dass Sie nicht gerade etwas streng Verbotenes tun, beispielsweise durch null dividieren oder die Wurzel aus einer negativen Zahl ziehen. Ersteres könnte hier zugegebenermaßen zunächst durchaus passieren, denn eingangs wird der Quotient $\frac{b_1}{a_1}$ gebildet, und es nicht ausgeschlossen, dass $a_1 = 0$ ist.

Wenn das aber der Fall ist, die erste Zeile also von der Form $a_2 y = d_1$ ist, so liegt ja schon Dreieckform vor (ganz pedantisch: nach Tausch der beiden Zeilen), und man kann direkt zur Unterscheidung der drei Fälle übergehen.

Plauderei

Benannt ist das Verfahren nach Carl Friedrich Gauß, einem der bedeutendsten deutschen Mathematiker, der von 1777 bis 1855 lebte. Er hat fundamentale Beiträge zu fast allen Teilen der Mathematik sowie zu angrenzenden Gebieten wie der Astronomie geliefert. Aber auch eigenwillige Dinge wie eine Formel zur Berechnung des Osterdatums eines beliebigen Jahres stammen von ihm.

Nun aber endlich zu den versprochenen Beispielen.

Beispiel 2.6

Zu lösen ist das System

$$x - 2y = 1 \tag{2.10}$$
$$2x - 4y = 3$$

Hier ist $a_1 = 1$ und $b_1 = 2$, also ist die erste Zeile mit $\frac{2}{1} = 2$ zu multiplizieren – das liefert als Zwischenergebnis $2x - 4y = 2$ – und anschließend von der zweiten abzuziehen. Das ergibt

$$x - 2y = 1$$
$$0 = 1,$$

wobei ich die unveränderte erste Zeile nochmals hingeschrieben habe, was ich auch immer empfehle.

Die zweite Zeile ist das, was ich bei der Darstellung des Verfahrens als „unwahre Gleichung" bezeichnet hatte. Das System (2.10) ist also unlösbar. ∎

Beispiel 2.7

Ich ändere das System (2.10) in der zweiten Zeile minimal ab zu

$$x - 2y = 1$$
$$2x - 4y = 2$$

Die erste Zeile und damit natürlich auch ihr Doppeltes ist gleich geblieben, und ziehe ich dies von der neuen zweiten Zeile ab, erhalte ich

$$x - 2y = 1$$
$$0 = 0$$

Die zweite Zeile ist also komplett „verschwunden" (besser gesagt: sie stellt eine wahre Aussage dar), und somit hat das System unendlich viele Lösungen, nämlich alle Paare (x, y), die die Gleichung $x - 2y = 1$ (und damit automatisch auch $2x - 4y = 2$) erfüllen. Beispiele sind $x = 1$, $y = 0$, oder auch $x = 85$ und $y = 42$. ∎

Beispiel 2.8

Damit Ihre Motivation nicht gänzlich ins Bodenlose verschwindet möchte ich Ihnen jetzt endlich mal ein Beispiel mit einer eindeutigen Lösung zeigen. Wir versuchen es mal mit dem System

$$2x + y = -2$$
$$3x - \frac{1}{2}y = -11$$

Hier ist $a_1 = 2$ und $b_1 = 3$, also ist die erste Zeile mit $\frac{3}{2}$ zu multiplizieren und anschließend von der zweiten abzuziehen. Das liefert

$$2x + y = -2$$
$$-2y = -8$$

In der Notation des Verfahrens von oben ist hier $\tilde{b}_2 = -2$, also ungleich null, und damit hat das System eine eindeutige Lösung.

Man berechnet zunächst

$$y = \frac{-8}{-2} = 4,$$

und setzt dieses neu erworbene Wissen anschließend in die erste Zeile ein; das ergibt

$$2x + 4 = -2,$$

oder $2x = -6$ und somit $x = -3$. Also wie versprochen eine eindeutige Lösung. ∎

Wenn Sie übrigens Brüche wie hier die $\frac{3}{2}$ nicht mögen können Sie auch von der oben angegebenen Vorschrift abweichen und die erste Zeile mit 3, die zweite mit 2 malnehmen und anschließend abziehen; wichtig ist nur, dass die x-Terme wegfallen, und das tun sie auch hier.

Um das noch mal zu illustrieren ein – versprochen! – letztes Beispiel:

Beispiel 2.9

Zu lösen ist

$$5x - 2y = 1$$
$$2x + 3y = 8$$

Nach der Vorschrift müsste man nun die erste Zeile mit $\frac{2}{5}$ malnehmen und von der zweiten abziehen. Da aber $\frac{2}{5}$ schon *ziemlich* schräg ist, nehme ich lieber die erste Zeile mal 2, die zweite mal 5, und ziehe anschließend die erste von der zweiten ab. Das ergibt als Zwischenschritt

$$10x - 4y = 2$$
$$10x + 15y = 40$$

und nach dem Abziehen:

$$10x - 4y = 2$$
$$19y = 38$$

Machen wir's zum Abschluss dieses Kapitels kurz: Dieses System ist eindeutig lösbar, die letzte Zeile ergibt unmittelbar $y = 2$, und dieser Wert in die erste Zeile eingesetzt liefert $x = 1$. ∎

Lineare Gleichungssysteme mit drei Unbekannten

3

Im letzten Kapitel haben Sie einiges darüber erfahren, wie man lineare Gleichungssysteme mit zwei Unbekannten lösen kann. Nun geht es also um solche mit drei Unbekannten (und ebenso vielen Gleichungen). Keine Sorge, ich werde im Folgenden nicht für jede Anzahl von Unbekannten ein eigenes Kapitel schreiben, aber der Fall drei eignet sich sehr gut für den Übergang zum allgemeinen, da ich hier das Prinzip schon sehr schön schildern kann, ohne Sie jedoch gleich mit allzu vielen Unbekannten überfallen zu müssen. Daher widme ich ihm ein kurzes eigenes Kapitel.

Vielleicht haben Sie sich beim Lesen von Definition 2.1 gefragt, warum ich die Koeffizienten mit a, b und d bezeichnet, also c ausgelassen habe.

Nun, weil ich da schon wusste, was jetzt kommt:

Definition 3.1

Ein quadratisches **lineares Gleichungssystem mit drei Unbekannten** ist ein Schema der Form

$$a_1 x + a_2 y + a_3 z = d_1$$
$$b_1 x + b_2 y + b_3 z = d_2$$
$$c_1 x + c_2 y + c_3 z = d_3$$

Alle in Definition 2.1 gemachten Bemerkungen und Erläuterungen sind hier sinngemäß zu übertragen.

© Springer Fachmedien Wiesbaden GmbH, ein Teil von Springer Nature 2018
G. Walz, *Lineare Gleichungssysteme*, essentials,
https://doi.org/10.1007/978-3-658-23855-1_3

Das Einsetzungsverfahren wäre hier nur mit großem Aufwand, und für noch größere Systeme schier unmöglich anwendbar, daher gibt es eigentlich für den Fall von drei (und natürlich auch mehr) Unbekannten kaum eine Alternative zum Gauß-Verfahren; und das kann man hier wie folgt formulieren:

Das Gauß-Verfahren für quadratische Systeme mit drei Unbekannten
Zur Lösung eines linearen Gleichungssystems der in Definition 3.1 angegebenen Form geht man wie folgt vor:

- Ist $a_1 = 0$, so tauscht man die erste gegen eine der beiden anderen Zeilen, deren Koeffizient von x nicht null ist; ich nehme der Einfachheit halber an, dass $a_1 \neq 0$ ist bzw. der Tausch bereits vorgenommen wurde;
- Man multipliziert die erste Zeile mit $\frac{b_1}{a_1}$ und zieht das Ergebnis von der zweiten Zeile ab; anschließend multipliziert man die erste Zeile (in der ursprünglichen Form) mit $\frac{c_1}{a_1}$ und zieht das Ergebnis von der dritten Zeile ab. Das System hat dann die Form

$$a_1 x + a_2 y + a_3 z = d_1$$
$$\tilde{b}_2 y + \tilde{b}_3 z = \tilde{d}_2$$
$$\tilde{c}_2 y + \tilde{c}_3 z = \tilde{d}_3$$

- Man multipliziert die neue zweite Zeile mit $\frac{\tilde{c}_2}{\tilde{b}_2}$ und zieht das Ergebnis von der neuen dritten Zeile ab. Das System hat dann die Form

$$a_1 x + a_2 y + a_3 z = d_1$$
$$\tilde{b}_2 y + \tilde{b}_3 z = \tilde{d}_2$$
$$\tilde{\tilde{c}}_3 z = \tilde{\tilde{d}}_3$$

Nun gibt es wie im vorigen Kapitel drei Situationen:

- Ist $\tilde{\tilde{c}}_3 \neq 0$, so hat das System eine eindeutige Lösung. Man berechnet zunächst z durch Auflösen der letzten Zeile; anschließend benutzt man die vorletzte (die zweite) Zeile, um y zu bestimmen, und die erste Zeile, um x zu bestimmen.
- Ist $\tilde{\tilde{c}}_3 = 0$ und $\tilde{\tilde{d}}_3 \neq 0$, so ist das System unlösbar.
- Ist $\tilde{\tilde{c}}_3 = 0$ und $\tilde{\tilde{d}}_3 = 0$, so hat das System unendlich viele Lösungen.

Ich weiß, ich weiß, hier müssen ganz dringend Beispiele her. Zunächst aber noch eine Bemerkung.

Besserwisserinfo
Ein homogenes System, also eines der Form

$$a_1 x + a_2 y + a_3 z = 0$$
$$b_1 x + b_2 y + b_3 z = 0$$
$$c_1 x + c_2 y + c_3 z = 0$$

ist niemals unlösbar, es hat also entweder eine oder unendlich viele Lösungen. Hierfür kann man sogar gleich zwei leicht einsehbare Begründungen angeben:

- Egal, was man im Rahmen des Gauß-Verfahrens mit dem System anstellt, auf der rechten Seite wird niemals etwas von null Verschiedenes auftauchen (da man ja immer nur Vielfache von null addiert oder subtrahiert). Daher kann der Fall $\tilde{\tilde{d}}_3 \neq 0$ nicht eintreten.
- Etwas pragmatischer: Die Wahl $x = y = z = 0$ löst das System in jedem Fall, es besitzt also stets mindestens eine Lösung.

Beispiel 3.1

Als erstes Beispiel betrachte ich (typisches Mathematikerdeutsch, vom Betrachten allein werde ich die Lösung nicht finden) das System

$$x \ - y \ + \ z = \ 4$$
$$3x \ - y + 4z = 12$$
$$6x - 4y + 5z = 20$$

Ich ziehe zunächst das 3-Fache der ersten Zeile von der zweiten und anschließend das 6-Fache der ersten Zeile von der dritten ab; das ergibt:

$$x - y + z = \ 4$$
$$2y + z = \ 0$$
$$2y - z = -4$$

Nun ziehe ich noch die zweite Zeile von der dritten ab und erhalte bereits die gewünschte Dreiecksform

$$x - y + z = \ 4$$
$$2y + z = \ 0$$
$$-2z = -4$$

Sie sehen, dass dieses System, das nach wie vor äquivalent ist zum Ausgangssystem, eindeutig lösbar ist, und dass man diese Lösung nun bequem „von unten nach oben" berechnen kann:

Die letzte Zeile liefert sofort $z = 2$. Setzt man dieses in die vorletzte ein, erhält man $2y + 2 = 0$, also $y = -1$, und schließlich wird die erste Zeile durch Einsetzen der beiden gerade berechneten Werte zu

$$x - (-1) + 2 = 4,$$

also $x + 3 = 4$ oder eben $x = 1$.   ∎

Beispiel 3.2

Als zweites Beispiel dient das System

$$x + y + z = 1$$
$$y - z = 1$$
$$x + 2y \quad = 2$$

Hier ist $b_1 = 0$, daher müsste ich rein formal die erste Zeile mit 0 multiplizieren und von der zweiten abziehen, aber natürlich lasse ich das gleich bleiben und die zweite Zeile unverändert. Stattdessen ziehe ich die erste Zeile von der letzten ab. Das System hat dann folgende Gestalt:

$$x + y + z = 1$$
$$y - z = 1$$
$$y - z = 1.$$

Nun muss ich noch die neue zweite Zeile von der dritten abziehen, was mir folgendes Endresultat liefert:

$$x + y + z = 1$$
$$y - z = 1$$
$$0 = 0$$

Sie sehen, dass hier eine Nullzeile entstanden ist; es ist also der Fall $\tilde{\tilde{c}}_3 = 0$ und $\tilde{\tilde{d}}_3 = 0$ eingetreten, und das System hat unendlich viele Lösungen. Alle Tripel (x, y, z), die die ersten beiden Gleichungen erfüllen, sind Lösungen, also beispielsweise $(0, 1, 0)$ und $(-2, 2, 1)$, aber auch $(2, 0, -1)$. $\blacksquare$

Übrigens habe ich diese drei beispielhaft angegebenen Lösungen nicht irgendwie geraten. Vielmehr gibt es eine Möglichkeit, diese konstruktiv zu berechnen; die zeige ich Ihnen gemeinerweise aber erst im nächsten Kapitel, nachdem Sie sich noch durch einige Beispiele durchgekämpft haben.

OK, zugegeben, Sie können natürlich auch einfach vorblättern, aber eigentlich wäre es schade um die schönen Beispiele.

Beispiel 3.3

Hier betrachte ich das System

$$\begin{aligned} x \ + y - 5z &= -10 \\ 3x - 4y \ + z &= \ \ \ 9 \\ 4x - 3y - 4z &= \ \ \ 0 \end{aligned}$$

Zieht man hier das 3-Fache der ersten Zeile von der zweiten und anschließend das 4-Fache der ersten Zeile von der dritten Zeile ab, ergibt sich

$$x + y - 5z = -10$$
$$-7y + 16z = 39$$
$$-7y + 16z = 40$$

Im nächsten – und auch schon letzten – Schritt ziehe ich die neue zweite Zeile von der dritten ab und erhalte

$$x + y - 5z = -10$$
$$-7y + 16z = 39$$
$$0 = 1$$

Dieses System ist unlösbar, was man an der letzten Zeile erkennt. ∎

So kann man nicht aufhören, deshalb zum Ende dieses Abschnitts noch zwei lösbare Systeme.

Beispiel 3.4

Gegeben sei das lineare Gleichungssystem

$$-x + 2y + z = 3$$
$$x - y - 2z = -5$$
$$2x + 2y + z = 0$$

Ich addiere nun die erste Zeile auf die zweite und im selben Schritt das Doppelte der ersten Zeile auf die dritte. Die (unveränderte) erste Zeile schleppe ich wie üblich mit; das ergibt folgendes System:

$$-x + 2y + z = 3$$
$$y - z = -2$$
$$6y + 3z = 6$$

Nun ziehe ich noch das 6-Fache der neuen zweiten Zeile von der dritten ab; dies ergibt

$$\begin{aligned} -x + 2y + z &= 3 \\ y - z &= -2 \\ 9z &= 18 \end{aligned}$$

Die letzte Zeile liefert $z = 2$, setzt man dies in die vorletzte Zeile ein, erhält man

$$y = -2 + 2z = -2 + 2 = 0,$$

und dies wiederum in die erste Zeile eingesetzt ergibt

$$-x + 2 \cdot 0 + 2 = 3, \quad \text{also } x = -1.$$

■

Erinnern Sie sich noch an die ~~geistreiche Bemerk~~ Besserwisserinfo, dass ein homogenes System immer lösbar ist? Nun, das will ich jetzt noch kurz illustrieren:

Beispiel 3.5

Das System

$$\begin{aligned} x + 2y - z &= 0 \\ y + z &= 0 \\ 2x + z &= 0 \end{aligned}$$

ist zweifellos homogen, denn rechts sind nur Nullen zu sehen (den offensichtlichen Querverweis zur Politik erspare ich uns hier).

Die zweite Zeile enthält freundlicherweise kein x, sodass ich im ersten Schritt nur das Doppelte der ersten Zeile von der letzten Zeile abziehen muss und erhalte:

$$\begin{aligned} x + 2y - z &= 0 \\ y + z &= 0 \\ -4y + 3z &= 0 \end{aligned}$$

Nun wird noch das 4-Fache der zweiten Zeile auf die (neue) letzte addiert, was bereits die gewünschte Dreiecksform liefert:

$$x + 2y - z = 0$$
$$y + z = 0$$
$$7z = 0$$

Die letzte Zeile besagt, dass das 7-Fache von z null ist, und das geht eben nur wenn $z = 0$ ist. Dies in die zweite Zeile eingesetzt liefert sofort $y = 0$, und das wiederum – zusammen mit der Information $z = 0$ – in die erste Zeile eingesetzt ergibt, dass auch $x = 0$ sein muss.

Das System ist also wie versprochen lösbar, und zwar eindeutig, d. h., es gibt nur die Lösung $x = y = z = 0$, die es bei jedem homogenen System gibt. ∎

Lineare Gleichungssysteme mit beliebig vielen Unbekannten

4

In einem Mathematik-Lehrbuch würde man das Kapitel über lineare Gleichungssysteme vermutlich mit genau der Definition beginnen, die ich Ihnen nun gleich angeben werde. Da sich das vorliegende Büchlein aber ausdrücklich (auch) an Nichtmathematiker wendet, habe ich die beiden vorigen Kapitel zur sanften Einführung in das Thema vorangestellt. Wenn Sie die durchgearbeitet haben, dürfte Sie die folgende, zunächst etwas unangenehm aussehende Definition nicht weiter schockieren.

Definition 4.1

Es sei n eine natürliche Zahl sowie $\{a_{ik}\}_{i,k=1,\ldots,n}$ und $\{b_i\}_{i=1,\ldots,n}$ vorgegebene reelle Zahlen.

Ein Schema der Form

$$a_{11}x_1 + a_{12}x_2 + \cdots\cdots + a_{1n}x_n = b_1$$
$$a_{21}x_1 + a_{22}x_2 + \cdots\cdots + a_{2n}x_n = b_2$$
$$\cdots \quad \cdots \quad \cdots \quad \cdots \quad \cdots\cdots$$
$$\cdots \quad \cdots \quad \cdots \quad \cdots \quad \cdots\cdots$$
$$a_{n1}x_1 + a_{n2}x_2 + \cdots\cdots + a_{nn}x_n = b_n$$

heißt **lineares Gleichungssystem** mit n Gleichungen (Zeilen) und Unbekannten. Die Zahlen $\{a_{ik}\}$ nennt man die **Koeffizienten** oder **Beizahlen** des

© Springer Fachmedien Wiesbaden GmbH, ein Teil von Springer Nature 2018
G. Walz, *Lineare Gleichungssysteme*, essentials,
https://doi.org/10.1007/978-3-658-23855-1_4

linearen Gleichungssystems, die Zahlen $\{b_k\}$ die **Daten** oder einfach die **rechte Seite** des Systems.

Ein Satz reeller Zahlen $(x_1, x_2, \ldots, x_n)$, für den alle Gleichungen des Systems gleichzeitig erfüllt sind, heißt **Lösung** des linearen Gleichungssystems.

Ist $n = 2$, so nenne ich die Variablen wie oben schon x und y (statt x_1 und x_2), und ebenso schreibe ich im Fall $n = 3$ anstelle von x_1, x_2 und x_3 meist x, y und z.

Erste Beispiele für kleine lineare Gleichungssysteme hatten Sie in den letzten Kapiteln bereits gesehen.

4.1   Das Gauß-Verfahren

Im folgenden gebe ich Ihnen das Gauß-Verfahren für beliebig viele Unbekannte an. Um ehrlich zu sein: Es gibt schönere Dinge im Leben, als sich durch den folgenden Textkasten zu quälen. Wenn Sie dazu keine Lust haben, können Sie den Text auch erst mal überspringen und sich denken: „Geht genauso wie bei zwei oder drei Unbekannten!", denn damit hätten Sie völlig recht.

Hier nun aber für die ~~Nerds~~ Mathematikbegeisterten unter Ihnen das Verfahren:

Der Gauß-Algorithmus für beliebige quadratische Systeme
Gegeben sei ein lineares Gleichungssystem wie in Definition 4.1 angegeben. Um dieses System in Dreiecksform zu bringen, geht man wie folgt vor:

- Falls $a_{11} = 0$ ist, tauscht man die erste Zeile mit einer anderen Zeile, in der der erste Koeffizient nicht 0 ist. Um unnötiges Umindizieren zu sparen, gehe ich hier davon aus, dass bereits $a_{11} \neq 0$ ist.
- Für $i = 2, \ldots, n$ multipliziert man jeweils die erste Zeile mit a_{i1}/a_{11} und zieht sie anschließend von der i-ten Zeile ab. Das Ergebnis ist ein System der Form

$$a_{11}x_1 + a_{12}x_2 + \cdots\cdots + a_{1n}x_n = b_1$$
$$\tilde{a}_{22}x_2 + \cdots\cdots + \tilde{a}_{2n}x_n = \tilde{b}_2$$
$$\cdots \quad\quad \cdots \quad\quad \cdots \quad\quad \cdots\cdots$$
$$\tilde{a}_{n2}x_2 + \cdots\cdots + \tilde{a}_{nn}x_n = \tilde{b}_n$$

- Man wendet dieselbe Vorschrift auf das verkleinerte System

$$\tilde{a}_{22}x_2 + \cdots\cdots + \tilde{a}_{2n}x_n = \tilde{b}_2$$

$$\cdots \quad \cdots \quad \cdots \quad \cdots \quad \cdots$$

$$\tilde{a}_{n2}x_2 + \cdots\cdots + \tilde{a}_{nn}x_n = \tilde{b}_n$$

an, das heißt, man tauscht gegebenenfalls die erste Zeile gegen eine andere, sodass links oben etwas von null Verschiedenes steht, und zieht anschließend das $(\tilde{a}_{i2}/\tilde{a}_{22})$-Fache der ersten Zeile von der i-ten ab. Das Ergebnis – wieder als Gesamtsystem geschrieben – hat die Form

$$a_{11}x_1 + a_{12}x_2 + \cdots\cdots\cdots + a_{1n}x_n = b_1$$

$$\tilde{a}_{22}x_2 + \cdots\cdots\cdots + \tilde{a}_{2n}x_n = \tilde{b}_2$$

$$\tilde{\tilde{a}}_{33}x_3 + \cdots + \tilde{\tilde{a}}_{3n}x_n = \tilde{\tilde{b}}_3$$

$$\cdots \quad \cdots \quad \cdots \quad \cdots$$

$$\tilde{\tilde{a}}_{n3}x_3 + \cdots + \tilde{\tilde{a}}_{nn}x_n = \tilde{\tilde{b}}_n$$

- So fortfahrend erhält man am Ende ein zu dem Ausgangssystem äquivalentes System in Dreiecksform, also

$$
\begin{aligned}
a_{11}x_1 + a_{12}x_2 + \cdots\cdots\cdots + a_{1n}x_n &= b_1 \\
\tilde{a}_{22}x_2 + \cdots\cdots\cdots + \tilde{a}_{2n}x_n &= \tilde{b}_2 \\
\tilde{\tilde{a}}_{33}x_3 + \cdots + \tilde{\tilde{a}}_{3n}x_n &= \tilde{\tilde{b}}_3 \\
\ddots \quad \cdots \quad \cdots\cdots \\
\ddots \quad \cdots\cdots \\
a_{nn}^{*}x_n &= b_n^{*},
\end{aligned}
\tag{4.1}
$$

wobei ich der besseren Lesbarkeit wegen die eigentlich notwendigen $(n-1)$ Schlangenlinien über den Elementen der letzten Zeile durch ein Sternchen ersetzt habe.

- Falls sich während der Durchführung der Methode Zeilen ergeben, bei denen links vom Gleichheitszeichen nur Nullen stehen, so tauscht man diese ans Ende des Systems; ist darunter eine Zeile, bei der rechts vom Gleichheitszeichen etwas von 0 verschiedenes steht, so kommt diese ans Ende.

Nun gibt es wie im vorigen Kapitel drei Situationen:

- Ist $a_{nn}^* \neq 0$, so hat das System eine eindeutige Lösung. Man berechnet zunächst x_n durch Auflösen der letzten Zeile; anschließend benutzt man die vorletzte Zeile, um x_{n-1} zu bestimmen, die drittletzte, um x_{n-2} zu bestimmen, usw.
- Ist $a_{nn}^* = 0$ und $b_n^* \neq 0$, so ist das System unlösbar.
- Ist $a_{nn}^* = 0$ und $b_n^* = 0$, so hat das System unendlich viele Lösungen.

Besserwisserinfo
Hinter diesem Verfahren steckt die Tatsache, dass die folgenden Umformungen die Lösungsmenge eines linearen Gleichungssystems nicht ändern und daher beliebig oft angewendet werden dürfen. Man nennt sie **elementare** oder auch **zulässige Umformungen eines linearen Gleichungssystems:**

- Vertauschung zweier Zeilen
- Multiplikation einer Zeile mit einer von null verschiedenen Zahl
- Addition einer Zeile auf eine andere Zeile

Beim Gauß-Verfahren kombiniert man die zweite und dritte dieser Operationen zu einer einzigen, indem man ein Vielfaches einer Zeile von einer anderen abzieht; beachten Sie, dass Abziehen nichts anderes ist als mit (-1) zu multiplizieren und anschließend zu addieren.

Auch wenn es ein wenig platz- und zeitaufwendig ist, werden wir wohl um ein Beispiel nicht herumkommen; gehen wir's an:

Beispiel 4.1

Mit vier Unbekannten halte ich mich gar nicht erst auf, sondern betrachte das folgende System mit fünf Unbekannten:

$$
\begin{aligned}
x_1 - x_2 + x_3 \quad\quad\ + x_5 &= 6 \\
x_2 - 3x_3 + 4x_4 - x_5 &= -5 \\
-x_1 \quad\quad\ + x_3 \ - x_4 + x_5 &= 2 \\
-x_2 \quad\quad\quad\ + x_4 + x_5 &= 5 \\
-2x_1 \quad\ + 3x_3 - 2x_4 - x_5 &= -5
\end{aligned}
\tag{4.2}
$$

Da die zweite und die vierte Zeile freundlicherweise kein x_1 enthalten, muss ich im ersten Schritt nur die erste auf die dritte, und anschließend die mit 2 multiplizierte erste Zeile auf die fünfte addieren; das ergibt Folgendes:

$$
\begin{aligned}
x_1 - x_2 + x_3 \quad\quad\ + x_5 &= 6 \\
x_2 - 3x_3 + 4x_4 \ - x_5 &= -5 \\
-x_2 + 2x_3 \ - x_4 + 2x_5 &= 8 \\
-x_2 \quad\quad\ + x_4 \ + x_5 &= 5 \\
-2x_2 + 5x_3 - 2x_4 \ + x_5 &= 7
\end{aligned}
$$

Um nun x_2 in der dritten bis fünften Zeile zu eliminieren, addiere ich nacheinander die zweite Zeile auf die dritte und vierte, und anschließend die mit 2 multiplizierte zweite Zeile auf die fünfte. Das Ergebnis ist:

$$
\begin{aligned}
x_1 - x_2 + x_3 \quad\quad\ + x_5 &= 6 \\
x_2 - 3x_3 + 4x_4 - x_5 &= -5 \\
-x_3 + 3x_4 + x_5 &= 3 \\
-3x_3 + 5x_4 \quad\quad &= 0 \\
-x_3 + 6x_4 - x_5 &= -3
\end{aligned}
$$

Nun geht es x_3 an den Kragen: Ich ziehe die mit 3 multiplizierte dritte Zeile von der vierten ab, und anschließend die (unveränderte) dritte Zeile von der letzten. Das liefert:

$$
\begin{aligned}
x_1 - x_2 + x_3 \quad\;\;\; + x_5 &= 6 \\
x_2 - 3x_3 + 4x_4 - x_5 &= -5 \\
-x_3 + 3x_4 + x_5 &= 3 \\
-4x_4 - 3x_5 &= -9 \\
3x_4 - 2x_5 &= -6
\end{aligned}
$$

Im nun folgenden, allerletzten Umformungsschritt weiche ich ein klein wenig von der strengen Vorschrift ab: Eigentlich müsste ich die vorletzte Zeile mit $\frac{3}{4}$ multiplizieren und auf die letzte addieren. Um aber unschöne Brüche zu vermeiden (und Brüche sind *immer* unschön), multipliziere ich lieber die vorletzte Zeile mit 3, die letzte mit 4, und addiere anschließend die beiden; das darf ich tun, da es sich hier um erlaubte Umformungen handelt. Das Ergebnis ist dann das folgende System in Dreiecksform:

$$
\begin{aligned}
x_1 - x_2 + x_3 \quad\;\;\; + x_5 &= 6 \\
x_2 - 3x_3 + 4x_4 - x_5 &= -5 \\
-x_3 + 3x_4 + x_5 &= 3 \\
-4x_4 - 3x_5 &= -9 \\
-17x_5 &= -51
\end{aligned}
$$

Nun kann man das Gleichungssystem „von unten nach oben" lösen: Teilt man die letzte Zeile durch -17, erhält man sofort $x_5 = 3$. Setzt man dies in die vorletzte Zeile ein, wird diese zu

$$-4x_4 - 9 = -9,$$

also muss $x_4 = 0$ sein. Die drittletzte Zeile wird durch Einsetzen der beiden gerade berechneten Werte zu

$$-x_3 + 0 + 3 = 3,$$

also ist auch $x_3 = 0$.

Keine Sorge, wir haben's gleich, denn wir sind schon in der viertletzten (oder, vielleicht etwas motivierender formuliert: der zweiten) Zeile angekommen. Einsetzen der bisher berechneten Werte macht diese zu folgender Gleichung:

$$x_2 - 0 + 0 - 3 = -5.$$

Also ist $x_2 = -2$. Und schließlich wird die erste Zeile durch Einsetzen aller bisher berechneten Werte zu

$$x_1 - (-2) + 0 + 0 + 3 = 6,$$

also (merke: „minus mal minus ergibt plus")

$$x_1 + 5 = 6$$

und damit $x_1 = 1$.

Und wenn Sie das alles nicht recht glauben (was ich durchaus verstehen könnte), setzen Sie diese fünf Werte mal in eine beliebige Zeile des Systems (4.2) ein: Sie werden immer eine wahre Aussage erhalten. ∎

Der Verlag hat mir ~~streng verboten~~ nahegelegt, in dieses Büchlein keine Übungsaufgaben aufzunehmen. Allerdings bin ich nach wie vor überzeugt davon, dass man Mathematik nur lernen kann, indem man selbst übt. Daher juble ich Ihnen jetzt eine kleine Übung unter und tarne sie als (nicht durchgerechnetes) Beispiel:

Beispiel 4.2

Zu lösen sei das System

$$\begin{aligned}
x_1 + 2x_2 - x_3 + 2x_4 &= -6 \\
2x_1 + 2x_2 - x_3 + 3x_4 &= -9 \\
x_3 + x_4 &= 1 \\
x_1 \qquad\quad + x_3 \qquad\; &= 0
\end{aligned}$$

Wie schon angedroht will ich das hier nicht durchrechnen, sondern Sie ermuntern, es einmal zu versuchen. Zur Kontrolle gebe ich Ihnen die Lösung an, sie ist eindeutig und lautet:

$$x_1 = -2, \; x_2 = 0, \; x_3 = 2, \; x_4 = -1.$$

∎

4.2   Systeme mit unendlich vielen Lösungen

Auf den vorigen Seiten sind wir schon mehrfach auf Systeme gestoßen, die unendlich viele Lösungen hatten. Bisher konnten wir das nur feststellen, nicht aber diese Lösungen irgendwie darstellen, was auf Dauer sicherlich unbefriedigend ist. Dies soll sich nun ändern.

Darstellung der Lösungen eines quadratischen Systems mit unendlich vielen Lösungen
Ist nach Durchführung des Gauß-Verfahrens (mindestens) eine Nullzeile entstanden, so hat das System unendlich viele Lösungen; die genaue Anzahl dieser Nullzeilen bezeichne ich mit k.
Zur Darstellung dieser unendlich vielen Lösungen geht man wie folgt vor:

- Die letzten k Unbekannten (also $x_{n-k+1}, x_{n-k+2}, \ldots, x_n$) werden als Parameter aufgefasst; um das zu kennzeichnen benennt man sie üblicherweise um in t, s, o. ä.
- Die verbliebenen Unbekannten werden genau wie im Fall eindeutiger Lösbarkeit von unten nach oben – in Abhängigkeit von den eingeführten Parametern – berechnet

Wie üblich illustriere ich dieses Vorgehen durch Beispiele.

Beispiel 4.3

Im ersten Beispiel greife ich das System

$$
\begin{aligned}
x \;+\; y + z &= 1 \\
y - z &= 1 \\
x + 2y \quad\;\; &= 2
\end{aligned}
\tag{4.3}
$$

aus Beispiel 3.2 noch mal auf. Als Dreiecksform hatten wir dort ermittelt:

$$
\begin{aligned}
x + y + z &= 1 \\
y - z &= 1 \\
0 &= 0
\end{aligned}
$$

Es ist also genau eine Nullzeile entstanden – in der formalen Sprache des Verfahrens heißt das $k = 1$ –, daher darf/muss ich die letzte Unbekannte als Parameter auffassen; ich setze $z = t$. Die vorletzte Zeile lautet nach dieser Umbenennung $y - t = 1$, also $y = 1 + t$.

Und dies, zusammen mit $z = t$ in die erste Zeile eingesetzt, liefert $x + (1 + t) + t = 1$, also $x = -2t$.

Noch mal übersichtlich zusammengefasst: Lösung des Systems (4.3) ist

$$x = -2t, \ y = 1 + t, \ z = t \text{ für jede reelle Zahl } t.$$

Es sind tatsächlich unendlich viele Lösungen, denn für t kann wie gerade geschrieben jede beliebige reelle Zahl eingesetzt werden, und davon gibt es eben unendlich viele. Beispielsweise liefern die Werte $t = 0, 1, -1$ in dieser Reihenfolge die in Beispiel 3.2 exemplarisch genannten Lösungen $(0, 1, 0)$, $(-2, 2, 1)$ und $(2, 0, -1)$. ∎

Beispiel 4.4

Gönnen wir uns doch mal ein System mit vier Unbekannten, nämlich dieses:

$$
\begin{aligned}
2x_1 - x_2 + 2x_3 - x_4 &= 2 \\
-3x_1 + 4x_2 + x_3 + x_4 &= 3 \\
-x_1 + 3x_2 + 3x_3 \quad\quad &= 5 \\
5x_1 - 5x_2 + x_3 - 2x_4 &= -1
\end{aligned}
\tag{4.4}
$$

Ich denke, das Folgende kann ich Ihnen inzwischen ohne Zwischenschritte zumuten: Ich multipliziere die erste Zeile mit $\frac{3}{2}$ und addiere sie auf die zweite, anschließend multipliziere ich die (ursprüngliche) erste Zeile mit $\frac{1}{2}$ und addiere sie auf die dritte, und schließlich multipliziere ich die erste Zeile noch mal mit $\frac{5}{2}$ und ziehe sie von der letzten ab. Das ergibt letztendlich:

$$
\begin{aligned}
2x_1 - x_2 + 2x_3 - x_4 &= 2 \\
\frac{5}{2}x_2 + 4x_3 - \frac{1}{2}x_4 &= 6 \\
\frac{5}{2}x_2 + 4x_3 - \frac{1}{2}x_4 &= 6 \\
-\frac{5}{2}x_2 - 4x_3 + \frac{1}{2}x_4 &= -6
\end{aligned}
$$

Ich vermute, Sie sehen schon, was jetzt passiert: Zieht man jetzt die zweite Zeile von der dritten ab und addiert sie auf die vierte, entsteht ein System mit zwei Nullzeilen:

$$2x_1 - x_2 + 2x_3 \ - \ x_4 = \ 2$$
$$\frac{5}{2}x_2 + 4x_3 - \frac{1}{2}x_4 = \ 6$$
$$0 = \ 0$$
$$0 = \ 0$$

Ich muss hier also die letzten beiden Unbekannten als Parameter setzen und wähle $x_4 = t$ sowie $x_3 = s$. Damit gehe ich in die drittletzte (also die zweite Zeile) des Systems, die dann so lautet:

$$\frac{5}{2}x_2 + 4s - \frac{1}{2}t = 6.$$

Nun schafft man alles, was nicht zu x_2 gehört, auf die rechte Seite:

$$\frac{5}{2}x_2 = -4s + \frac{1}{2}t + 6$$

und multipliziert anschließend mit $\frac{2}{5}$ durch. Das ergibt

$$x_2 = -\frac{8}{5}s + \frac{1}{5}t + \frac{12}{5}.$$

Das muss man nun zu allem Übel noch in die erste Zeile einsetzen, wodurch man erhält:

$$2x_1 - \left(-\frac{8}{5}s + \frac{1}{5}t + \frac{12}{5}\right) + 2s - t = 2$$

Mit ein wenig verschärfter Bruchrechnung, die ich Sie bitten würde auf einem Schmierblatt nachzuvollziehen, wird hieraus zunächst

$$2x_1 + \frac{18}{5}s - \frac{6}{5}t - \frac{12}{5} = 2,$$

dann

$$2x_1 = -\frac{18}{5}s + \frac{6}{5}t + \frac{22}{5}$$

und schließlich

$$x_1 = -\frac{9}{5}s + \frac{3}{5}t + \frac{11}{5}$$

Auch hier noch mal übersichtlich zusammengefasst: Lösung des Systems (4.4) ist

$$x_1 = -\frac{9}{5}s + \frac{3}{5}t + \frac{11}{5}, \quad x_2 = -\frac{8}{5}s + \frac{1}{5}t + \frac{12}{5}, \quad x_3 = s, \quad x_4 = t$$

für alle reellen Zahlen s und t. ∎

Das soll's erst mal gewesen sein, ein weiteres Beispiel finden Sie gleich im nächsten Abschnitt, in dem es um nicht-quadratische Systeme geht.

4.3   Nicht-quadratische Gleichungssysteme

Bisher ging es ausschließlich um quadratische Systeme, also solche, bei denen die Anzahl der Unbekannten mit derjenigen der Gleichungen übereinstimmt. Das hat auch seine Berechtigung, denn diese kommen in der Praxis am häufigsten vor. Vor allem aber werden Sie gleich sehen, dass man die dort verwendeten Methoden, im Wesentlichen das Gauß-Verfahren, ohne Mühe auf den nicht-quadratischen Fall übertragen kann.

Ich will hier keine formale Definition eines nicht-quadratischen Systems geben, sondern lieber gleich zwei Beispiele.

Beispiel 4.5

a) Das System

$$
\begin{aligned}
x - 2y &= -4 \\
-x + 3y &= 5 \\
x - y &= -3 \\
2x - 3y &= -7
\end{aligned}
$$

ist ein lineares Gleichungssystem, an dem es nichts auszusetzen gibt, außer dass es eben nicht quadratisch ist. Falls Sie jetzt denken sollten: „Nur zwei Unbekannte, aber vier Gleichungen, dieses System ist sicherlich unlösbar!", dann setzen Sie doch bitte einmal $x = -2$ und $y = 1$ in jede der fünf Gleichungen ein – ich warte hier inzwischen.

b) Natürlich kann auch der „umgekehrte" Fall vorkommen: Das System

$$x_1 \ - \ x_2 + 3x_3 - 2x_4 = 1$$
$$x_1 - 2x_2 + 6x_3 - 3x_4 = 2$$

hat vier Unbekannte, aber nur zwei Gleichungen. Auch dieses System ist also nicht quadratisch. ∎

Besserwisserinfo

Ist die Anzahl der Gleichungen größer als die der Unbekannten, wie hier in Teil a), nennt man das System manchmal auch **überbestimmt,** im umgekehrten Fall, wie hier in b), spricht man auch von einem **unterbestimmten** System.

Wie geht man in solchen Fällen vor? Nun, der in Beispiel 4.5b) dargestellte Fall, dass es weniger Gleichungen als Unbekannte gibt, ist relativ schnell abzuhandeln: Man wendet „ganz normal" das Gauß-Verfahren an, bis alle Unbekannten unterhalb der Diagonalen verschwunden sind. Anschließend ergänzt man das System – in Gedanken oder tatsächlich – durch Nullzeilen so, dass es quadratisch wird, und wendet dann die auf den vorigen Seiten geschilderten Methoden an.

Sie haben recht, so richtig verständlich war das noch nicht; machen wir ein Beispiel.

Beispiel 4.6

Ich greife das System

$$x_1 \ - \ x_2 + 3x_3 - 2x_4 = 1$$
$$x_1 - 2x_2 + 6x_3 - 3x_4 = 2$$

aus Beispiel 4.5b) auf. Abziehen der ersten von der zweiten Zeile ergibt hier

$$x_1 - x_2 + 3x_3 - 2x_4 = 1$$
$$-x_2 + 3x_3 \ - \ x_4 = 1 \tag{4.5}$$

Das war's auch schon mit dem Gauß-Verfahren. Ich ergänze das System um zwei Nullzeilen, was auf

$$x_1 - x_2 + 3x_3 - 2x_4 = 1$$
$$-x_2 + 3x_3 - x_4 = 1$$
$$0 = 0$$
$$0 = 0$$

führt. Nun ist das System quadratisch, denn es hat vier Zeilen und ebenso viele Unbekannte; man erkennt, dass es unendlich viele Lösungen hat, und dass man zwei Parameter einführen muss. Ich setze wieder $x_4 = t$ und $x_3 = s$. Die zweite Zeile des Systems (4.5) wird dann zu $-x_2 + 3s - t = 1$, also

$$x_2 = 3s - t - 1,$$

und dies wiederum eingesetzt in die erste Zeile liefert

$$x_1 - (3s - t - 1) + 3s - 2t = 1,$$

also

$$x_1 = t.$$

■

Bei der Lösung von Systemen, die mehr Gleichungen als Unbekannte haben, will ich mich auf den Fall zweier Unbekannter beschränken; Sie werden sehen, wie sich das auf mehr Unbekannte übertragen lässt, aber es erspart mir eine Menge Schreib- und Ihnen eine Menge Lesearbeit.

Überbestimmte Systeme mit zwei Unbekannten
Zur Lösung eines Systems der Form

$$a_1 x + b_1 y = d_1$$
$$a_2 x + b_2 y = d_2$$
$$\cdots \quad \cdots = \cdots$$
$$\cdots \quad \cdots = \cdots$$
$$a_n x + b_n y = d_n$$

wendet man das Gauß-Verfahren an, um es in die Form

$$a_1 x + b_1 y = d_1$$
$$\widetilde{b_2} y = \widetilde{d_2}$$
$$0 = \widetilde{d_3}$$
$$0 = 0$$
$$\cdots = \cdots$$
$$0 = 0$$

zu bringen (das ist immer möglich).

- Ist $\widetilde{d_3} \neq 0$, so ist das System unlösbar.
- Ist $\widetilde{d_3} = 0$, verbleibt also nur das System

$$a_1 x + b_1 y = d_1$$
$$\widetilde{b_2} y = \widetilde{d_2}$$

so wendet man auf dieses die in Kap. 2 angegebenen Kriterien und Methoden an.

Beispiel 4.7

Auch hier greife ich das in Beispiel 4.5a) angegebene System auf, also

$$x - 2y = -4$$
$$-x + 3y = 5$$
$$x - y = -3$$
$$2x - 3y = -7$$

Der erste Schritt des Gauß-Verfahrens macht hieraus

$$x - 2y = -4$$
$$y = 1$$
$$y = 1$$
$$y = 1,$$

und der zweite

$$x - 2y = -4$$
$$y = 1$$
$$0 = 0$$
$$0 = 0$$

Das System ist also lösbar, und die Lösung lautet $y = 1$, $x = -2$. ∎

Man hat natürlich nicht immer das Glück, dass alle Gleichungen bis auf zwei wegfallen; das zeigt das nächste und letzte Beispiel dieses Abschnitts.

Beispiel 4.8

Gegeben ist das System

$$-x + 2y = 0$$
$$2x - y = 3$$
$$x + y = 4$$

mit zwei Unbekannten und drei Gleichungen. Anwendung des Gauß-Verfahrens macht hieraus zunächst

$$-x + 2y = 0$$
$$3y = 3$$
$$3y = 4$$

An den letzten beiden Zeilen sieht man schon, dass hier etwas nicht stimmt; rein formal beende ich aber das Gauß-Verfahren, indem ich die zweite von der dritten Zeile abziehe. Ich erhalte

$$-x + 2y = 0$$
$$3y = 3$$
$$0 = 1$$

Die 1 in der letzten Zeile entspricht dem $\widetilde{d}_3$ in der obigen algorithmischen Schilderung. Und da 1 eben auch bei großzügigster Betrachtungsweise nicht null ist, ist das System unlösbar. ∎

Plauderei

Für eindeutig lösbare quadratische Gleichungssysteme – und nur für solche – gibt es noch eine gänzlich andere Lösungsmethode, die sogenannte cramersche Regel, gelegentlich abgekürzt mit CR, nicht zu verwechseln mit CR7.

Mit deren Darstellung will ich hier aber gar nicht erst anfangen, denn dazu benötigt man Determinanten, ein umfangreiches und ~~scheußlich~~ nicht leicht zugängliches Thema.

Außerdem funktioniert die cramersche Regel wie gesagt nur, wenn das System eine eindeutige Lösung hat; das wiederum stellt man aber erst fest, wenn man Teile der Berechnung bereits ausgeführt hat. Dann muss man reuevoll zum Gauß-Verfahren zurückkehren.

Deswegen würde ich ohnehin immer gleich das Gauß-Verfahren verwenden, dem dieses Büchlein im Wesentlichen gewidmet ist.

Textaufgaben 5

Lineare Gleichungssystem sind nicht *nur* dazu da, um Schüler und Studenten zu quälen. Vielmehr können sie sehr oft helfen, Probleme des täglichen Lebens wie auch des Berufslebens zu lösen. Um das ein wenig zu illustrieren zeige ich Ihnen in diesem letzten Kapitel ein paar textlich formulierte Fragestellungen, die sich mithilfe eines linearen Gleichungssystems lösen lassen.

Ich beginne ganz vorsichtig mit einem Beispiel, das auf ein System mit zwei Gleichungen und ebenso vielen Unbekannten führen wird.

Beispiel 5.1

Auf einem Bauernhof gibt es Ziegen und Gänse. Insgesamt haben die Tiere 17 Köpfe und 44 Beine. Wie viele Ziegen und wie viele Gänse sind es?

Ich gehe davon aus, dass alle Tiere weder verstümmelt noch genbehandelt sind, dass also jedes Tier genau einen Kopf hat, und dass jede Ziege vier und jede Gans zwei Beine hat.

Bezeichnet man nun die Anzahl der Ziegen mit x und die der Gänse mit y, so führt die erste Angabe auf die Gleichung $x + y = 17$, die zweite auf $4x + 2y = 44$, denn jede Ziege steuert vier und jede Gans zwei Beine zur Gesamtzahl bei. Wir haben also das lineare Gleichungssystem

$$x + y = 17$$
$$4x + 2y = 44$$

zu lösen.

Sie können gerne das Einsetzungsverfahren nutzen, das ich zu Anfang des Büchleins geschildert hatte, ich bleibe beim Gauß-Verfahren (ältere Mathematiker können störrisch sein) und ziehe das 4-Fache der ersten Zeile von der zweiten ab. Das ergibt

© Springer Fachmedien Wiesbaden GmbH, ein Teil von Springer Nature 2018
G. Walz, *Lineare Gleichungssysteme,* essentials,
https://doi.org/10.1007/978-3-658-23855-1_5

$$x + y = 17$$
$$-2y = -24$$

Teilt man nun beide Seiten der letzten Zeile durch -2, erhält man $y = 12$, und setzt man dies wiederum in die erste Zeile ein, ergibt sich $x = 5$.

Auf dem Bauernhof gibt es also 5 Ziegen und 12 Gänse. ■

Bevor Sie nun anfangen zu überlegen, ob das ökologisch korrekt und ausgewogen ist, gehe ich lieber gleich zu einem Beispiel über, in dem man es mit drei Variablen zu tun hat.

Beispiel 5.2

Ein Rechenkünstler bittet drei Kandidaten, sich jeweils eine Zahl auszudenken, und möchte diese anschließend „erraten". Als Hilfe werden ihm die drei Summen von je zwei dieser Zahlen genannt. Diese lauten 1, 4, und 7. Welche drei Zahlen hatten die Kandidaten sich ausgedacht?

Wenn ich die drei unbekannten Zahlen – nicht sehr überraschend – mit x, y und z bezeichne, dann liefern obige Angaben das folgende Gleichungssystem:

$$x + y \quad = 1$$
$$y + z = 4$$
$$x \quad + z = 7$$

Nun wende ich das Gauß-Verfahren an. Da die zweite Zeile freundlicherweise gar kein x enthält, muss ich im ersten Schritt nur die erste von der dritten Zeile abziehen und erhalte

$$x + y \quad = 1$$
$$y + z = 4$$
$$-y + z = 6$$

Der nächste und auch schon letzte Umformungsschritt drängt sich nun förmlich auf: Ich addiere die zweite auf die dritte Zeile (rein formal muss ich die zweite Zeile mit (-1) multiplizieren und von der dritten abziehen, aber wegen des guten alten „minus mal minus ergibt plus" läuft das auf diese simple Addition hinaus); das liefert

$$x + y \quad\; = 1$$
$$y + z = 4$$
$$2z = 10$$

Die letzte Zeile ergibt $z = 5$, dies in die vorletzte Zeile eingesetzt liefert $y = -1$, und dies wiederum macht aus der ersten Zeile $x - 1 = 1$, also $x = 2$. ∎

Plauderei

Vielleicht haben Sie bei der Lösung dieses Beispiels ein wenig gezögert und so etwas gedacht wie „ Aber -1 ist doch gar keine Zahl; zumindest keine, die sich ein vernünftiger Mensch ausdenken würde!" Das Letztere mag schon sein, aber eine Zahl ist -1 natürlich schon, sogar eine so genannte ganze Zahl.

Dass die meisten Menschen in Situationen wie Quiz- oder Rätselspielen intuitiv „ Zahl" gleichsetzen mit „natürliche Zahl", also eine ganze und nicht negative Zahl, steht auf einem anderen Blatt.

Übrigens könnte man es noch weit schlimmer treiben und sich Zahlen wie $\frac{17}{42}$ oder auch $-\sqrt{2}$ als Lösung ausdenken – wenn ich schlecht gelaunt bin kann das in meinen Klausuren vorkommen.

Dass nicht jedes lineare Gleichungssystem eindeutig lösbar ist wurde auf den vorigen Seiten ja schon ~~bis zum Erbrech~~ ausführlich diskutiert. Ein Text-Beispiel dazu kommt jetzt.

Beispiel 5.3

Ein älterer Mathematik-Professor schwärmt: „Früher konnte man bei Klausuren ja noch richtig zuschlagen. Einmal habe ich eine gestellt, da gab es nur die Noten 3, 4 und 5. Insgesamt war die Zahl derer, die eine 5 hatten, also durchgefallen sind, zehnmal so groß wie die derer, die bestanden haben. Wäre die Anzahl derer, die eine 3 geschrieben haben, dreimal so groß gewesen, wie sie nun mal war, so wäre sie genauso groß gewesen wie die Zahl derer, die eine 4 geschrieben haben. Außerdem kann ich mich noch erinnern, dass die Anzahl derer, die eine 5 hatten, genau 40mal so groß war wie die derjenigen, die eine 3 hatten."

Leider kann er sich nicht mehr daran erinnern, wie viele Klausurteilnehmer die jeweilige Note erreicht haben, aber als Mathematik-Professor setzt er sich natürlich gleich hin und stellt ein lineares Gleichungssystem auf.

Da er geschickter ist als ich es im bisherigen Verlauf des Büchleins war, benennt er die Unbekannten nicht x, y und z, sondern d (Anzahl derer, die eine 3 erreicht haben), v (Anzahl der Vierer-) und f (Anzahl der Fünfer-Kandidaten).

Die erste Angabe bedeutet dann als Gleichung, dass

$$f = 10 \cdot (d + v)$$

ist; sortiert man das, indem man alle variablenbehafteten Ausdrücke nach links bringt, erhält man die erste Gleichung des linearen Gleichungssystems

$$f - 10d - 10v = 0.$$

Besserwisserinfo
Ich empfehle Ihnen sehr, beim Bearbeiten von Textaufgaben genau so vorzugehen, wie ich das gerade getan habe: Im ersten Schritt wird die textliche Angabe „wörtlich“ in eine Gleichung übersetzt, ohne Rücksicht darauf, auf welcher Seite die Unbekannten und auf welcher die Konstanten stehen. In einem zweiten Schritt kann man dann in aller Ruhe sortieren. Auf diese Weise vermeidet man ärgerliche Vorzeichenfehler.

Aber zurück zum Stück: Die zweite Angabe über die Dreier- und Vierer-Kandidaten ergibt die Gleichung $3d = v$, also

$$3d - v = 0.$$

Und schließlich findet man noch die Angabe $f = 40d$, also

$$f - 40d = 0.$$

Damit hat er 3 Gleichungen gefunden, und mehr Angaben sind beim besten Willen nicht herauszulesen. Der Übersichtlichkeit halber schreibt er sie noch mal als lineares Gleichungssystem auf:

$$f - 10d - 10v = 0$$
$$3d - v = 0$$
$$f - 40d = 0$$

Um das lästige f in der letzten Zeile loszuwerden wird nun die erste von dieser letzten abgezogen; das ergibt

$$f - 10d - 10v = 0$$
$$3d - v = 0$$
$$-30d + 10v = 0$$

Um die gewünschte Dreiecksform zu erhalten muss er nun noch das 10-Fache der zweiten auf die dritte Zeile addieren und erhält dadurch das System

$$f - 10d - 10v = 0$$
$$3d - v = 0$$
$$0 = 0$$

Es ist also eine Nullzeile entstanden, das System hat keine eindeutige Lösung. Betrübt muss er also feststellen, dass er so die gesuchten Anzahlen nicht herausbekommen wird. In diesem Moment kommt seine Frau dazu und sagt: „Schnäuzelchen, an diese Klausur kann ich mich gut erinnern, das war die Korrektur, bei der du so gut gelaunt warst. Ich weiß noch ganz genau, dass drei Studierende eine 4 hatten."

Mit dieser zusätzlichen Angabe ist die Lösung aber leicht: Da also $v = 3$ ist, ergibt die zweite Zeile des umgeformten Systems sofort $d = 1$, und diese beiden Angaben liefern, eingesetzt in die erste Zeile, $f - 10 - 30 = 0$, also $f = 40$.

Es gab also einmal die Note 3, dreimal eine 4, und 40 Studierende sind durchgefallen. Dass dies dem Professor nach Angabe seiner Frau gute Laune bereitet hat, lässt zumindest Zweifel an seinem Charakter aufkommen. ∎

Und auch das folgende, abschließende Beispiel kommt aus der Hochschulwelt, denn das ist schließlich mein natürlicher Lebensraum. Es führt auf vier Gleichungen mit ebenso vielen Unbekannten, ist also ein wenig aufwendiger, aber das sollten wir uns zum Ende dieses Büchleins schon gönnen. Zur Aufmunterung sei jetzt schon verraten, dass es eine eindeutige Lösung haben wird, denn mit einem unlösbaren System wollte ich diesen Text nicht beenden.

Beispiel 5.4

Das Prüfungsamt einer kleinen Hochschule hat leider die Klausurnoten der vier Studierenden Xaver, Yvonne, Zacharias und Ulrich verschlampt. Die Leiterin sagt: „Nur keine Panik, wir können die Noten rekonstruieren: Ich weiß noch, dass die Summe der vier Noten genau 10 ist. Außerdem ergibt die Summe der Noten von Xaver und Yvonne gerade die Note von Zacharias, und die Summe der Noten von Yvonne und Zacharias ist genau um eins mehr als die Note von Ulrich. Schließlich kann ich mich erinnern, dass die Differenz der Noten von Yvonne und Xaver identisch ist mit der Differenz der Noten von Ulrich und Zacharias, dabei war Yvonne schlechter als Xaver und Ulrich schlechter als Zacharias."

Kann man mithilfe dieser Angaben wirklich die vier Einzelnoten rekonstruieren? Nun, es wird Sie nicht überraschen, dass ich es mit einem linearen Gleichungssystem versuche.

Die Unbekannten sind hier ganz offensichtlich die Noten der vier Studierenden; ich benenne sie in dieser Reihenfolge mit x, y, z und u (haben Sie bemerkt, wie geschickt ich die Namen der Studierenden gewählt habe?). Die erste Angabe über die Summe dieser vier Noten liefert sofort die erste Gleichung

$$x + y + z + u = 10. \tag{5.1}$$

Die Aussage, dass die Summe der Noten von Xaver und Yvonne gerade die Note von Zacharias ergibt, heißt nichts anderes als $x + y = z$, richtig sortiert also

$$x + y - z = 0. \tag{5.2}$$

Die Summe der Noten von Yvonne und Zacharias ist genau um eins mehr als die Note von Ulrich, also ist $y + z = 1 + u$, was sich sortieren lässt zu

$$y + z - u = 1. \tag{5.3}$$

Über die letzte Angabe muss man vielleicht einen Moment lang nachdenken: Es wird gesagt, dass die Differenz der Noten von Yvonne und Xaver identisch ist mit der Differenz der Noten von Ulrich und Zacharias. Wenn das die einzige Information wäre, wüsste man nicht, was von was abgezogen wird, ob also beispielsweise auf der linken Seite $x - y$ oder $y - x$ steht.

Hier kommt die Zusatzinfo ins Spiel, die besagt, dass Yvonne schlechter als Xaver und Ulrich schlechter als Zacharias war. „Schlechter als" bedeutet aber in unserem Notensystem nichts anderes, als dass die Note eine größere Zahl ist als die Vergleichsnote. Die Zusammenfassung dieser Informationen ergibt also die Beziehung

$$y - x = u - z$$

und somit die letzte Gleichung unseres Systems:

$$-x + y + z - u = 0. \tag{5.4}$$

Gl. (5.1) bis (5.4) stellen zusammengefasst das folgende lineare Gleichungssystem dar:

$$\begin{aligned} x + y + z + u &= 10 \\ x + y - z \phantom{{}+u} &= 0 \\ y + z - u &= 1 \\ -x + y + z - u &= 0 \end{aligned}$$

Nun kommt der Kollege Gauß zum Einsatz: Ich behalte wie gewohnt die erste Zeile bei und entferne in den anderen das x, indem ich nacheinander die erste Zeile von der zweiten abziehe und auf die letzte addiere; das ergibt folgendes System:

$$\begin{aligned} x + y + z + u &= 10 \\ -2z - u &= -10 \\ y + z - u &= 1 \\ 2y + 2z \phantom{{}-u} &= 10 \end{aligned}$$

Nun muss y in der dritten und vierten Zeile entfernt werden; da die zweite Zeile, mit der man hierzu operieren muss, gar kein y enthält, tausche ich zunächst die zweite und dritte Zeile und erhalte

$$\begin{aligned} x + y + z + u &= 10 \\ y + z - u &= 1 \\ -2z - u &= -10 \\ 2y + 2z \phantom{{}-u} &= 10 \end{aligned}$$

Die neue zweite Zeile multipliziere ich mit 2 (in Gedanken, aber es ist auch nicht ehrenrührig, diesen Zwischenschritt schriftlich zu machen) und ziehe sie anschließend von der letzten ab; das ergibt

$$x + y + z + u = 10$$
$$y + z - u = 1$$
$$-2z - u = -10$$
$$2u = 8$$

Das sieht doch schon recht gut aus, denn angenehmerweise ist das z in der letzten
Zeile gleich mitverschwunden. Daher kann man hier sofort $u = 4$ ablesen. Das
sukzessive Einsetzen und Auflösen nach den anderen Unbekannten würde ich
jetzt gerne Ihnen überlassen, weil ich ~~keine Lust mehr~~ es für didaktisch sinn-
voll halte. Tipp: Sie sollten nicht weit entfernt von $z = 3$, $y = 2$ und $x = 1$
herauskommen.   ■

Wie beendet man ein solches Büchlein? Nun, ich hatte zunächst daran gedacht,
Ihnen ein paar Einblicke in das Lösen nichtlinearer Gleichungssysteme zu geben,
also so etwas wie

$$x^3 - 25y^2 = 29.988 \tag{5.5}$$
$$\sin(\pi x) + 2\ln(e^y) = 84$$

Aber dann dachte ich mir, dass das vielleicht doch zu gruselig ist und Ihnen un-
nötigerweise das gute Gefühl, jetzt mit linearen Gleichungssystemen umgehen zu
können, verdirbt.

Deswegen habe ich es gelassen und wünsche Ihnen stattdessen alles Gute für
Ihre weitere Zukunft, ob sie nun voller linearer Gleichungssysteme sein mag oder
nicht.

Übrigens: Lösung von (5.5) ist

$$x = y = 42.$$

Was Sie aus diesem *essential* mitnehmen können

- Mithilfe des Gauß-Verfahrens kann man lineare Gleichungssysteme beliebiger Größe lösen
- Für kleine Systeme gibt es auch andere Verfahren, beispielsweise das Einsetzungsverfahren
- Ein lineares Gleichungssystem hat entweder gar keine Lösung, oder genau eine Lösung, oder unendlich viele Lösungen; andere Möglichkeiten gibt es nicht
- Die Lösungsmenge von Systemen mit unendlich vielen Lösungen kann man mithilfe von Parametern leicht darstellen

© Springer Fachmedien Wiesbaden GmbH, ein Teil von Springer Nature 2018
G. Walz, *Lineare Gleichungssysteme,* essentials,
https://doi.org/10.1007/978-3-658-23855-1

Literatur

Kemnitz, A. (2014). *Mathematik zum Studienbeginn* (11. Aufl.). Heidelberg: Springer-Spektrum.

Schäfer, W., Georgi, K., & Trippler, G. (2006). *Mathematik-Vorkurs* (6. Aufl.). Wiesbaden: Vieweg und Teubner.

Walz, G. (2016). *Mathematik für Fachhochschule und duales Studium* (2. Aufl.). Heidelberg: Springer-Spektrum.

Walz, G. (2018). *Gleichungen und Ungleichungen – Klartext für Nichtmathematiker.* Heidelberg: Springer-Spektrum.

Walz, G., Zeilfelder, F., & Rießinger, T. (2015). *Brückenkurs Mathematik* (4. Aufl.). Heidelberg: Springer-Spektrum.

© Springer Fachmedien Wiesbaden GmbH, ein Teil von Springer Nature 2018
G. Walz, *Lineare Gleichungssysteme*, essentials,
https://doi.org/10.1007/978-3-658-23855-1